自然的匠人:了不起的古代发明

水车

屠方 刘欢 著 覃小恬 绘

電子工業出版社
Publishing House of Electronics Industry
北京·BEIJING

　　苗族是中国十分古老的少数民族，有过浩大的民族迁移。历经千难万险，苗族最后定居分布在中国的黔、湘、鄂、川、滇、桂、琼等省。苗族古歌里有这样的记载："日月向西走，山河往东行，我们的祖先啊，顺着日落的方向走，跋山涉水来西方。"

　　苗族人依山而居，受地理条件的限制，他们广泛地开垦山地为良田，形成了许多著名的梯田，如加榜、摆榜、野钟、堂安、高要等。改造自然的农业耕作逐渐形成了苗族与自然环境相结合的农耕文化。

但山地环境依然制约着农业的发展，除了部分苗族聚集区有良好的水系资源，很多地方的苗族农田都需要人力挑水或用牲畜背水灌溉，极为辛苦。艰苦的种植环境大大增加了苗族先民种植水稻的劳动强度，而且农作方法效率低下，也不能保障收成。

看天吃饭成了苗族人心中的痛，于是，苗族人开始探索先进的农耕技术，解决将水从低处的河流和溪水中抽取到高处的方法。苗族人深知：水的问题不解决，再肥沃的土壤也种不出优质高产的粮食。

8

经过不停地摸索，苗族人发现了一种能够将江河湖塘里的水引出来浇灌到稻田里的设备。经过改良，苗族人设计出了初代水车——构造简单、成本低廉、使用便利，架设在溪水两岸，利用地形开展水利运作，日夜不停地转动。

　　初代水车虽然简陋，但作用很大。劳动力的释放与稻田的增产，激发了苗族先民进一步研究水车的意愿。水车由此在苗族的农业中发挥了巨大的作用，其容易损坏的缺点也在不断地迭代和发展中得到了改良。

　　改良后的水车称为近代水车，它一般分为上下两层，用中心立柱连接。上层主要由石轮、石轮支架、碾槽、碾盘构成，功能是对谷物进行原材料加工。下层的主体部分是水轮，它被安放在提前凿好的弧形水洞中，与一根中心长轴、四根辅轴相连。

苗族的近代水车有筒车、翻车和永排等，其材料也有多种类型。除石轮外，水车的其他构件都是由木质材料制成的，包括柳木、槭木、榆木等，也有一些是使用竹子做成的。无论使用什么材料，苗族人都会就地取材，将自然资源发挥到最大效用。

15

在黔东南苗族侗族自治州有个重安镇，地处清水江上游。因为地形多为山坡，当地苗族人便在河岸边修建了大量的水车。渐渐地，重安镇形成了村寨伴水而居、水车伴水而建的美丽风景。夕阳下，苗族吊脚楼与水车绘成了一幅美丽的画卷。

重安镇的水车都属于筒车类型，它们的形状和结构完全相同，只是大小不同而已。水车的车身是一个水轮，有辐条和外圈，有些水轮还挂有许多取水斗。水车会被架于水流湍急、有一定落差的溪流两岸，车身下部浸入水中。随着水流冲击水板，水车会顺势转动。转动时，取水斗会被灌满，然后随着水轮泻水至稻田里。

水车运转起来以后，不仅可以灌水，还可以排水，排出的水被利用在碾米、春碓等家庭农事中。运作原理是这样的：随着水流冲击水轮，取水斗自动上升，行至水车顶部，这时，水斗会自然倾斜，将水倒进碾槽里，将槽灌满水，最后碾槽利用水力推动碾盘碾磨谷物。

重安镇的人还会根据当地的水流环境，对水车进行改良优化。人们不仅将水车竖着架于溪流两岸或江河边，也会在河流中央用石头垒成一条长长的堤坝，堤坝下面留有许多弧形的水洞，水车的下半部分平行于地面，被安放在这弧形水洞中。

这些水车修建历史久远。据村寨里的老人说，古时候寨子里共有十多个水车坊，至今还有七个可以继续正常运转，可见水车对于苗族而言有着十分重要的地位。

当一个苗族村寨里要建新水车的时候，全寨的人都会来出力。男人会到山里去砍伐木头，拉回寨子里。寨子里的工匠将这些木头进行加工，做成水车的原料。最后，全寨子的人会齐心协力去搭建水车。当水车建造好以后，寨子里的男女老少就会开心地聚在一起，欢快地跳起芦笙舞。

　　拥有了先进的水车技术后，稻田得到了很好的灌溉。聪明的苗族人在农业利好的基础之上，又在稻田里养起了鱼，创造了鱼稻共生体系：让鱼吃虫，鱼的排泄物又增加了稻田的肥力。这不仅大大减少了水稻的病虫害，还增加了水稻的产量，养出的鱼和之前一样味道鲜美，甚至还有淡淡的稻谷香。

　　水车在苗族人的心目中有着极其重要的地位。作为公共农业设施,苗族人会派专人看管水车,提防水车遭到破坏;还会有工匠定时检修,保障水车可以正常运转。村寨里的老人常说:水车是苗族人美好生活的象征,也是幸福美满的源泉。

每年，粮食丰收的日子到来时，苗族都会举行大型的吃新节活动来庆祝。在吃新节上，外嫁的姑妈们（苗族对妇女的称谓）浩浩荡荡地排着长队，肩上挑着盛有鸡鸭鱼和新米的担子，行走在村里的农耕道路上，笑容满面回娘家。在村口迎接姑妈们的队伍吹起节日的芦笙，家人们向她们敬上一碗自酿的粮食美酒，让她们感受到娘家的温暖。

在吃新节持续的三天时间里，村里的姑娘们会穿着盛装，拿着芦笙的小伙子们会相约到广场上，全村老少一起载歌载舞，观看斗牛、斗鸡比赛，热闹非凡。这是节日的盛会，也是苗族人民乐观豁达、浓浓血缘亲情的精神写照。

现如今，很多地方已经不再使用水车作为农业的水利设施了，但是苗寨作为古老岁月的继承者，在许多村寨里依然保留着使用水车的传统。水车作为苗族繁荣的象征，会一直守护着苗族的每一代人。

图书在版编目（CIP）数据

自然的匠人：了不起的古代发明. 水车／屠方，刘欢著；覃小恬绘. -- 北京：电子工业出版社，2023.12
ISBN 978-7-121-46561-1

Ⅰ.①自… Ⅱ.①屠… ②刘… ③覃… Ⅲ.①科学技术—创造发明—中国—古代—少儿读物 Ⅳ.①N092-49

中国国家版本馆CIP数据核字（2023）第202609号

责任编辑：朱思霖　特约编辑：郑圆圆
印　　刷：天津图文方嘉印刷有限公司
装　　订：天津图文方嘉印刷有限公司
出版发行：电子工业出版社
　　　　　北京市海淀区万寿路173信箱　邮编：100036
开　　本：889×1194　1/16　印张：13.5　字数：138.6千字
版　　次：2023年12月第1版
印　　次：2023年12月第1次印刷
定　　价：138.00元（全6册）

　　凡所购买电子工业出版社图书有缺损问题，请向购买书店调换。若书店售缺，请与本社发行部联系，联系及邮购电话：（010）88254888，88258888。
　　质量投诉请发邮件至zlts@phei.com.cn，盗版侵权举报请发邮件至dbqq@phei.com.cn。
　　本书咨询联系方式：（010）88254161转1859，zhusl@phei.com.cn。